Jenny Camen

Stadt- und Regionalentwicklung in Deutschland zur Zeit des Deutschen Bundes 1806-1870

Vor dem Hintergrund politischer und gesellschaftlicher Rahmenbedingungen sowie der Bevölkerungs- und Wirtschaftsentwicklung

GRIN Verlag

Bibliografische Information der Deutschen Nationalbibliothek:

Die Deutsche Bibliothek verzeichnet diese Publikation in der Deutschen National-
bibliografie; detaillierte bibliografische Daten sind im Internet über http://dnb.d-
nb.de/ abrufbar.

Impressum:

Copyright © 2008 GRIN Verlag GmbH
Druck und Bindung: Books on Demand GmbH, Norderstedt Germany
ISBN: 978-3-640-26817-7

Dieses Buch bei GRIN:

http://www.grin.com/de/e-book/122123/stadt-und-regionalentwicklung-in-
deutschland-zur-zeit-des-deutschen-bundes

GRIN - Your knowledge has value

Der GRIN Verlag publiziert seit 1998 wissenschaftliche Arbeiten von Studenten, Hochschullehrern und anderen Akademikern als eBook und gedrucktes Buch. Die Verlagswebsite www.grin.com ist die ideale Plattform zur Veröffentlichung von Hausarbeiten, Abschlussarbeiten, wissenschaftlichen Aufsätzen, Dissertationen und Fachbüchern.

Besuchen Sie uns im Internet:

http://www.grin.com/

http://www.facebook.com/grincom

http://www.twitter.com/grin_com

Geographisches Institut
Ruhr-Universität Bochum
Seminar: Stadt- und Regionalentwicklung
WiSe 2007/08

Stadt- und Regionalentwicklung in Deutschland vor dem Hintergrund politischer und gesellschaftlicher Rahmenbedingungen sowie der Bevölkerungs- und Wirtschaftsentwicklung

– zur Zeit des Deutschen Bundes 1806-1870 –

Jenny Camen

Inhaltsverzeichnis

1. Einleitung

In der vorliegenden Arbeit beschäftige ich mich mit dem Wandel der politischen, ökonomischen und sozialen Strukturen zur Zeit des Deutschen Bundes vom Beginn des 19. Jahrhunderts bis zum Jahr 1970. Besonderes Augenmerk liegt dabei auf den Prozessen der Stadt- und Regionalentwicklung – unbestreitbar geprägt durch *die* gesellschaftliche Triebkraft des 19. Jahrhunderts: die Industrielle Revolution. Da die städtische Entwicklung – damit soll sowohl die demographische als auch die wirtschaftliche Entwicklung gemeint sein – immer aufs Engste mit politischen Prozessen verbunden ist, müssen zunächst die politischen Verhältnisse zu Beginn des 19. Jahrhunderts betrachtet werden. Der Wendepunkt zwischen Heiligem Römischen Reich Deutscher Nation und Deutschem Bund sowie der Einfluss der napoleonischen Besatzung werfen die Frage auf, wie ein, an seiner eigenen Reformunfähigkeit gescheitertes, Reich die Weichen für die Entwicklungen im 19. Jahrhundert stellen konnte. Die Antwort gilt es in den Preußischen Reformen und ihren direkten ökonomischen und sozialen Auswirkungen zu suchen. Auf der Grundlage des reformierten Regierungs- und Verwaltungssystems können dann die zeitgeschichtlichen Prozesse innerhalb der Bevölkerungsentwicklung untersucht werden. Hierbei gilt es insbesondere, das enorme Bevölkerungswachstum zu erklären – Ursachen, Probleme und Chancen des damaligen demographischen Wandels zu erkennen. Daran anknüpfend stellt sich die Frage, inwieweit Bevölkerungszunahme und Industrialisierung ein Wirkungsgeflecht darstellen. Die Wechselwirkungen zwischen industriellem Wachstum und städtischem Wachstum, insbesondere die städtebaulichen und sozialen Folgen der fortschreitenden Industrialisierung, bilden den Kern der Überlegungen. Die präsentierten Fakten und angestellten Vermutungen zur Stadt- und Regionalentwicklung zur Zeit des Deutschen Bundes sollen in einem letzten Schritt am Beispiel der preußischen Hauptstadt Berlin nachvollzogen werden.

2. Politische Verhältnisse zu Beginn des 19. Jahrhunderts

Das 19. Jahrhundert ist auf politischer Ebene geprägt durch zwei ‚Reichsgründungen'. Handelt es sich bei der Gründung des Deutschen Reiches von 1871 tatsächlich um die Ausrufung eines neuen, vereinten Staates, so stellt die Gründung des Deutschen Bundes von 1806 eher den Versuch dar, den Flickenteppich von deutschen Fürstentümern in einem mehr oder weniger lockeren Staatenbund zusammenzuhalten. Aber wie kommt es dazu, dass von einem beinahe 1000 Jahre existierenden deutschen Reich nicht viel mehr übrig bleibt als ein loser Bund souveräner Einzelstaaten?

2.1 Das Ende des Heiligen Römischen Reiches Deutscher Nation

Im Jahre 843 teilen die Enkel Karls des Großen sein Reich unter sich auf. Neben Lothringen und dem späteren Frankreich im Westen, entsteht im Osten ein Reich, das später Deutschland genannt werden soll. Unter Otto I. wird dem Herrscher des ‚deutschen' Reiches die Kaiserkrone Roms zugesprochen. Damit tritt man das Erbe des Römischen Reiches der Antike an. Doch dieses so mächtig scheinende, sich weit über die heutigen Grenzen Deutschlands erstreckende Reich steht auf wackligen Beinen. Im Gegensatz zum ehemaligen Westreich, aus dem sich der Nationalstaat Frankreich entwickelt hat, ist das Heilige Römische Reich Deutscher Nation, schon lange bevor es zu Grunde geht, kein wirklicher Staat mehr. Es ist vielmehr ein loser Bund kleinerer und größerer Territorien, deren Fürsten so viel Macht inne haben, dass sie beinahe selbstständig und vom deutschen König unabhängig regieren, „eine höchste Gewalt, die einseitig über das Recht hätte verfügen können, gab es nicht" (Stollberg-Rilinger 2006: 116). Die daraus resultierende Flexibilität ist prinzipiell nicht nachteilig, doch sie birgt eine Gefahr. Das vom Adel regierte Reich scheitert angesichts des dritten Koalitionskrieges gegen Frankreich an den unterschiedlichen Interessen der selbstständigen Fürsten und letztlich daran, dass man eine grundlegende rechtliche und politische Reform nie durchgeführt hat. Ein einheitlich handlungsfähiges Reich gibt es nicht mehr, viel zu sehr hat sich die Macht verstreut. Den Todesstoß erfährt das Reich schließlich durch den am 1. Juli 1806 von Napoleon Bonaparte gegründeten Rheinbund. Ein Großteil der deutschen Fürsten schließt sich unter Zusicherung ihrer Souveränität diesem Bund an. So kann der letzte Kaiser des Heiligen Römischen Reiches Deutscher Nation, Franz II., am 6. Juli 1806 nicht anders, als mit den Worten, „Wir erklären, das Wir das Band, welches Uns bis jetzt an den Staatskörper des deutschen Reiches gebunden hat, als gelöst ansehen" (dpa 2007), seine Krone niederzulegen (vgl. Stollberg-Rilinger 2006: 110-120).

2.2 Der Deutsche Bund – eine Verlegenheitslösung?

Kiesewetter beschreibt den Deutschen Bund in seinem Aufsatz von 1990 „als eine wenig geglückte diplomatische Verlegenheitslösung [...], die Nationalstaatsfrage aufzuschieben" (Kiesewetter 1990: 163). Dieser Äußerung ist einerseits zuzustimmen, da die nach dem Ende des Heiligen Römischen Reiches aufkommende Frage nach

Nationalstaat oder Staatenbund, eindeutig zu Gunsten des Staatenverbandes entschieden wird. 39 souveräne Staaten und freie Städte bilden im Zentrum Europas eine lose Konföderation, die als Deutscher Bund betitelt wird.

Abb. 1: Der Deutsche Bund 1815-1866
Quelle: http://upload.wikimedia.org/wikipedia/commons/6/6c/Deutscher_Bund.png

Die zwei mächtigsten und, wie sich der Karte entnehmen lässt, größten Staaten innerhalb des Bundes sind zugleich die am stärksten verfeindeten: Österreich und Preußen. Die Gründung des Deutschen Bundes als wenig geglückte Verlegenheitslösung zu bezeichnen ist allerdings ein provokanter Standpunkt.

Als zwischen September 1814 und Juni 1815 der Wiener Kongress tagt, gilt es über die Zukunft der deutschen Fürstentümer zu entscheiden. Angesichts der napoleonischen Fremdherrschaft werden immer mehr Stimmen für einen deutschen Nationalstaat laut.

Diese frühe deutsche Nationalbewegung ist mit dem Ergebnis des Wiener Kongresses vermutlich wenig zufrieden. Auf der anderen Seite stehen jedoch die Befürworter der „Beibehaltung der historisch gewachsenen Länderautonomien" (Angelow 2003: 6), die darin eine Bewahrung der verfassungspolitischen und kulturellen Vielfalt Deutschlands sehen. So kann man das auf dem Wiener Kongress hervorgebrachte Konstrukt des Deutschen Bundes letztlich am besten eine Kompromisslösung nennen – ein Kompromiss zwischen Bundesstaatsidee und Souveränitätsbedürfnis. Denn trotz der Souveränität und der relativ hohen Macht der Großstaaten, halten ein gemeinsamer Verfassungsvertrag – die Bundesakte – und die Bundesversammlung in Frankfurt am Main die Konföderation zusammen.

Das Heilige Römische Reich ist an seiner Reformunfähigkeit gescheitert. Den neuen deutschen Staatenbund solle nicht das gleiche Schicksal ereilen; in dieser Hinsicht scheint man sich einig (vgl. Stollberg-Rilinger 2006: 120).

3. Preußische Reformbewegung

Das 19. Jahrhundert ist eine Epoche des Auf- und des Umbruchs. Jeder Neuanfang braucht jedoch seine rechtliche Legitimation. Ohne die preußischen Reformen zu Beginn des Jahrhunderts wären die demographischen und ökonomischen Entwicklungen der folgenden Jahrzehnte nicht denkbar gewesen.

Zu Beginn des 19. Jahrhunderts stehen die deutschen Staaten – steht Preußen – ganz unter dem Einfluss der französischen Fremdherrschaft. Die Kontributionszahlungen, welche die Niederlage gegen Napoleon mit sich zieht, scheinen zunächst eine Erschwernis für den sich formenden deutschen Staatenbund zu sein. Tatsächlich führt aber gerade diese finanzielle Misslage zu einem Umdenken im Bereich des Steuerrechts. Um mehr Geld in die Staatskasse zu bekommen, vereinfacht man das Steuerrecht und schafft vor allem jegliche steuerrechtlichen Privilegien des Adels ab – ein Schritt auf dem Weg zur Gleichbehandlung aller Bürger. Die Steuerreform ist jedoch nicht die erste und keineswegs die wichtigste der Reformen, die in Preußen beschlossen werden. Der entscheidende Impuls wird durch den vermeintlichen Feind gegeben – durch die Franzosen unter Napoleon. Die Französische Revolution hat zweifellos den Reformgedanken in Europa eingeführt. Unter französischer Besatzung erreicht dieser Reformgeist auch Preußen. Dort sind es maßgeblich zwei Männer, denen es gelingt, dem Gedanken von Freiheit, Gleichheit und Brüderlichkeit etwas für das deutsche Staatssystem abzugewinnen und in einem umfangreichen Reformpaket durchzusetzen. Dies sind erstens Freiherr Karl vom Stein, der 1807 zum Ersten Minister Preußens ernannt wird, und zweitens Karl August von Hardenberg, der nach Steins unfreiwilliger Abdankung den Reformgedanken in Deutschland weiterführt. Übergeordnetes Ziel dieser Reformbewegung ist eine Neugestaltung des Staates und die Erweckung politischen Lebens in Preußen. Es ist wichtig zu betonen, dass die in Preußen verabschiedeten Reformen früher oder später ihren Siegeszug im gesamten Staatenbund antreten. – Generell ist sowohl auf reformpolitischer als auch auf wirtschaftlicher bzw. industrieller Ebene eine große Heterogenität innerhalb des deutschen Staatenbundes zu verzeichnen (vgl. Henning 1993: S.30ff.). Das bedeutet, dass nicht nur politische Entwicklungen, sondern auch die industriellen Fortschritte zu verschiedenen Zeitpunkten die einzelnen souveränen Teilstaaten erreichen.[1]

Chronologisch betrachtet beginnt die Reformära mit der Agrarreform und der Bauernbefreiung, die im Oktoberedikt von 1807 festgehalten und vom Ministerium Stein verabschiedet werden. Eigentlich hat die Bauernbefreiung ihren Ursprung aber schon früher. 1777 erhalten in Preußen die Bauern auf den königlichen Domänen die persönliche Freiheit. In der Realität bedeutet dies, dass allen Bewohnern des preußischen Staates die volle persönliche Freiheit gegeben wird. Die Abhängigkeitsverhältnisse, denen die bäuerliche Bevölkerung im Feudalsystem unterworfen gewesen ist, werden abgeschafft (vgl. Henning 1993: 37).

Dies bedeutet für die Bauern, dass sie das Recht auf freie Berufswahl erhalten, dass sie nach ihren persönlichen Vorlieben heiraten und an einen anderen Ort umziehen dürfen. Für all diese Vorhaben ist bis dato die Zustimmung des Gutsherrn notwendig gewesen. Der Nachteil an dieser neu gewonnenen Freiheit ist jedoch, dass mit dem sogenannten Gesindezwangsdienst zugleich die Schutz- und Hilfsverpflichtungen des Gutsherrn wegfallen. Das bedeutet, dass die freien Bauern nicht länger vor Unglück oder Missernte geschützt sind (vgl. Botzenhart 1985: 48-52). Die neu zugesprochene Mobilität hingegen ist maßgeblich dafür verantwortlich, dass das im Folgenden beschriebene Städtewachstum überhaupt eintreten kann.

Doch nicht nur die Bauernbefreiung an sich, sondern auch die Agrarreform, legt einen Grundstein für das Bevölkerungs- und Wirtschaftswachstum der kommenden Jahrzehnte. Angesichts neuer landwirtschaftlicher Produktionsmethoden, die in einer ersten technischen Revolution aufkommen, muss die Agrarstruktur verändert werden,

---

[1] Dass der individuelle industrielle Fortschritt der einzelnen Regionen dabei von der räumlichen Ausstattung und der Verkehrsanbindung abhängig waren, soll an späterer Stelle erörtert werden.

denn die „überkommene Agrarverfassung behinderte eine allgemeine Erhöhung der Nahrungsmittelproduktion" (Henning 1993: 41).

Dass die Abschaffung der Erbuntertänigkeit der Bauern und die Reformierung der Agrarwirtschaft bedeutenden Einfluss auf die damalige Gesellschaft haben, wird deutlich, wenn man folgende Zahlen betrachtet: „Rund 80% Prozent der Menschen lebten auf dem Lande, etwa zwei Drittel waren in bäuerlichen Berufen tätig." (Botzenhart 1985: 48). Kurz gesagt: „Die deutschen Staaten wurden zu Beginn des 19. Jahrhunderts noch von der Agrargesellschaft geprägt." (Botzenhart 1985: 48).

Zeitlich folgt auf die Bauernbefreiung die Städtereform von 1808. Im Zentrum der Bestrebungen steht das Ziel der Selbstverwaltung der Städte, die bislang direkt vom Staat kontrolliert worden sind. Was Stein als eine zentrale Bürokratie ablehnt, wird 1808 abgeschafft. Von nun an repräsentieren die von den Bürgern gewählten Stadtverordneten und der Bürgermeister die Gemeinde. Zudem wird das Wahlrecht dahingehend reformiert, dass auch Bürger mit relativ geringem Besitz wählen dürfen. Das Bürgerrecht steht prinzipiell jedem Stadtbewohner offen. Jedoch verhindern die damit verbunden Gebühren eine all zu starke Vermischung der immer noch bestehenden Stände.

Im Anschluss an die Städtereform wendet man sich Wirtschaft und Gewerbe zu. Erstmals wird eine progressiv gestaffelte Gewerbesteuer eingeführt. Ziel der Gewerbereform ist es, Bedingungen für einen freien Wettbewerb zu schaffen. Maßgeblich wird dieses Ziel durch die Einführung der Gewerbefreiheit 1810 untermauert. Gewerbefreiheit bedeutet zunächst, dass „jedermann [...] in jedem Umfang jeden Produktionszweig mit jeder Produktionstechnik eröffnen und betreiben" kann (Henning 1993: 60). Ständische Beschränkungen, beispielweise, dass Adlige oder Bauern keine Gewerbe ausführen können, werden aufgehoben, ebenso Vorbildungsbeschränkungen, das heißt es wird nicht länger eine berufliche Ausbildung gefordert, um ein Gewerbe zu eröffnen. Auf diese Weise beseitigt die Gewerbereform Betätigungsschranken und ermöglicht die Entfaltung von neuen wirtschaftlichen Impulsen. Doch die neue Gewerbefreiheit hat nicht nur positive Folgen. Die handwerklichen Zünfte verlieren ihre Legitimierung und werden aufgehoben. Damit gehen allerdings auch die Qualitätskontrollen von Seiten der Zünfte verloren. Jedermann kann sich nun Tischler nennen; die Zahl der Handwerker steigt schneller als die übrige Bevölkerung wachsen kann und so finden sich ausgebildete Meister unter dem ansteigenden Konkurrenzdruck schnell am Rande der Armut wieder. Zu diesen bald übersetzten Gewerben zählen auch die Weber, die in den Weberaufständen auf ihre Art und Weise auf die sich verschärfende soziale Frage aufmerksam machen (vgl. Henning 1993: 59-67).

Eine Reform, die erst nach dem Ende der napoleonischen Fremdherrschaft auf den Weg gebracht wird, ist die Zollreform bzw. das Zollgesetz von 1818. Mit dieser Gesetzesänderung fallen alle innerstaatlichen Handelsschranken in Preußen weg, so wie es schon in der Bundesakte von 1815 als Ziel der „einheitlichen Regelung von Handel und Verkehr" (Henning 1993: 89) festgehalten worden ist. Auf diese Weise schafft man die Grundlage für den 1933 gegründeten, von Preußen ausgehenden, Deutschen Zollverein, der auf wirtschaftlicher Ebene eine Vereinigung der deutschen Staaten bedeutet. Allerdings wird auch hier keine gänzliche Einigung erzielt. So schließt sich einer der größten Staaten, Österreich, niemals dem Zollverein an (vgl. Henning 1993: 89-91).

Insgesamt ebnen die preußischen Reformen unter Hardenberg und Stein den Weg sowohl für das demographische, als auch für das industrielle Wachstum der Städte. Im Folgenden werden anhand der Bevölkerungsentwicklung im Deutschland des 19. Jahrhunderts die wichtigsten Auswirkungen der gesellschaftlichen Reformen aufgegriffen.

4. Bevölkerungsentwicklung zur Zeit des Deutschen Bundes

Zur Veranschaulichung der Bevölkerungsentwicklung seit Gründung des Deutschen Bundes soll zunächst folgende Graphik dienen.

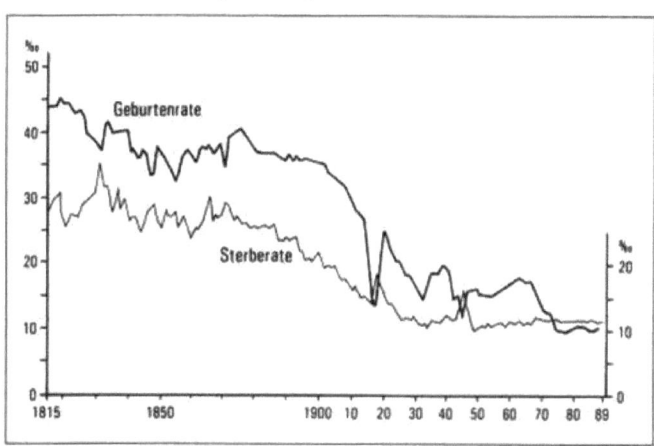

Abb. 2 Entwicklung der Geburten- und Sterberate in Deutschland 1815-1989
Modifiziert nach Bähr 1997

Auswertend kann festgehalten werden, dass in der gesamten Zeit von 1815 bis zum Ersten Weltkrieg eine relativ weite Scherenbewegung zwischen sehr hoher Geburtenrate und niedrigerer Sterberate zu verzeichnen ist. Die größte Differenz zwischen Geburten- und Sterberate und damit das höchste natürliche Bevölkerungswachstum ist in den 1830er und 40er Jahren sowie besonders drastisch ab 1870 zu erkennen. Ausgehend von dieser Darstellung ist von einem relativ großen Bevölkerungswachstum innerhalb des 19. Jahrhunderts auszugehen. Legt man der hier beobachteten Bevölkerungsentwicklung im deutschen Raum das Modell des demographischen Übergangs zu Grunde, so befindet sich der Deutsche Bund in der ersten Hälfte des 19. Jahrhunderts an der Schwelle von der prätransformativen Phase zur frühtransformativen Phase.

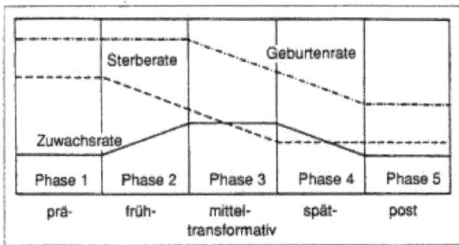

Abb. 3 Idealtypischer Verlauf des demographischen Übergangs
Quelle: Bähr 1997

Das bedeutet, die Scherenbewegung zwischen hochbleibender Fertilität und sinkender Mortalität wird immer größer. Ausgehend von dieser Betrachtung lässt sich also die Vermutung anstellen, die Bevölkerungszahlen im Gebiet des Deutschen Bundes hätten eine sprunghafte Zunahme verzeichnet. Diese Annahme bestätigt sich, wenn man einen Blick auf die genauen Zahlen wirft. So werden im Jahr 1800 23 Millionen Menschen in Deutschland gezählt. 1850 sind es schon rund 35 Millionen; bis 1875 hat sich die Bevölkerungsgröße aus dem Jahr 1800 beinahe verdoppelt (vgl. Henning 1993: 17). Birg veranschaulicht die Verhältnisse folgendermaßen: „Im Zeitraum von 1750 bis 1850, in dem die heutigen Industrieländer selbst noch wenig entwickelt waren, übertraf ihr Bevölkerungswachstum die Wachstumsrate Afrikas und die anderer Staaten, die heute zu den Entwicklungsländern zählen, um das zehn- bis zwanzigfache." (Birg 2004: 8-9). Wegen dieses derart drastischen Wachstums spricht man auch von einer Bevölkerungsexplosion. Diese Bevölkerungszunahme ist zunächst zu verstehen als ein Wachstum der ländlichen Unterschichtenbevölkerung. Regional betrachtet verläuft das Bevölkerungswachstum in Deutschland höchst unterschiedlich. Die stärkste Bevölkerungszunahme erfahren das Land Sachsen sowie das Rheinland und Westfalen.

Relativ geringen Zuwachs kann man für das 19. Jahrhundert in Bayern und Ostdeutschland erkennen (vgl. Henning 1993: 18). Damit drängt sich die Frage nach den Determinanten dieser Bevölkerungsentwicklung auf.

Erste Voraussetzung für ein hohes natürliches Bevölkerungswachstum, in Anlehnung an das Modell des demographischen Transformationsprozesses, ist eine beständig hohe Geburtenrate bei gleichzeitig sinkender Mortalität. Die hohe Geburtenziffer innerhalb der ländlichen Bevölkerungsschicht ist angesichts der zahlreichen lebensbedrohenden und lebensverkürzenden Faktoren eine Notwendigkeit und muss nicht weiter erläutert werden. Interessanter sind die Gründe für den im 19. Jahrhundert in Deutschland eintretenden Wandel der Sterblichkeitsverhältnisse. Gemeint sind damit sowohl der Rückgang der absoluten Höhe der Mortalität, als auch der Wandel der Todesursachen. Heineberg spricht zu Beginn des Transformationsprozesses von stark fluktuierenden Sterberaten (Heineberg 2004: 75), deren Begründung in dem Auftreten von Seuchen, Epidemien und Hungersnöten liegt. Der Rückgang dieser „Krisenmortalität" (Bähr 1997: 198) kann als Trendwende in der Bevölkerungsentwicklung des 19. Jahrhunderts angesehen werden. Die Krankheiten mit katastrophalen Auswirkungen, wie die Pest oder Cholera, treten seltener auf; ihre Verbreitung kann besser eingedämmt werden. Nicht außer Acht zu lassen ist außerdem, dass keine größeren Kriege oder Hungersnöte den jungen deutschen Staatenbund erschüttern. Es findet keine einschneidende Reduzierung der Bevölkerung mehr statt bis zum Ersten Weltkrieg. Des Weiteren lässt sich ungefähr seit der Mitte des Jahrhunderts ein kontinuierlicher Mortalitätsrückgang verzeichnen, das heißt, dass, unabhängig von besonderen Krisen, die Lebenserwartung steigt. Gründe hierfür sind vornehmlich eine bessere hygienische und medizinische Versorgung sowie die Verbesserung der Ernährungsgrundlage (vgl. Bähr 1997: 198-201). Die Ausdehnung des Nahrungsspielraums ist ein entscheidender Faktor für das explosionsartige Bevölkerungswachstum. Die bereits angesprochene erste technische Revolution, die – begünstigt durch die Agrarreform – die Landwirtschaft revolutioniert, spiegelt sich in neuen Produktionsmethoden wider. Die Erfindung des Pferdepfluges, der Übergang von der Dreifelderwirtschaft zum Fruchtwechsel, die Stallfütterung der Tiere auch im Sommer und die Verbreitung neuer Feldfrüchte, wie Kartoffeln, Rüben und Klee verbessern die Existenzchancen der Bevölkerung enorm (vgl. Henning 1993: 41). Zuletzt sei darauf hingewiesen, dass nicht nur die Agrarreform den demographischen Prozess unterstützt, sondern dass auch die Bauernbefreiung, in Form von Gesetzen und Reformen zur Freizügigkeit, ihren Anteil zur hohen Geburtenziffer beiträgt.

Durch das explosionsartige Bevölkerungswachstum seit Mitte des 19. Jahrhunderts wird *eine* Voraussetzung für die einsetzende Industrialisierung geschaffen. Diese These kann in der Hinsicht untermauert werden, dass durch die Bevölkerungszunahme die Zahl der Arbeitskräfte steigt, ohne welche die Masseproduktion der Fabriken nicht möglich wäre. Der Anteil der im sekundären Wirtschaftssektor Beschäftigten kann drastisch erhöht werden; insgesamt steigen aufgrund des Bevölkerungswachstums die Beschäftigtenanteile in allen drei Sektoren an. Es ist festzuhalten, dass, „der größte Teil des Bevölkerungszuwachses [...] im 19. Jahrhundert in der nichtlandwirtschaftlichen Wirtschaft eine Einkommensquelle" fand (Henning 1993: 19). Außerdem bedeutet eine höhere Bevölkerungszahl auch eine höhere Nachfrage an Versorgungsgütern, womit ein weiterer Impuls für den wirtschaftlichen Aufschwung gegeben ist. Damit ist ein erster Zusammenhang von Bevölkerungsentwicklung und Industrialisierung aufgezeigt. Auf die Bevölkerungsentwicklung wird nochmals zurückzukommen sein, wenn die sozialen Verhältnisse – die Lebensbedingungen – in der ‚Industriellen Revolution' diskutiert werden.

5. Industrielles und demographisches Wachstum der Städte

Mit Ausnahme von wenigen Einzelfällen kann man bei der Betrachtung heutiger deutscher Städte zu der Erkenntnis kommen, dass die Stadtbilder „kaum noch etwas mit den jeweiligen örtlichen vorindustriellen Stadttraditionen zu tun haben" (Zehner 2001: 107). Die städtischen Strukturen haben sich zur Zeit der ‚Industriellen Revolution' drastisch verändert.

Im Folgenden soll untersucht werden, wie die Industrialisierung im Deutschland des 19. Jahrhunderts ablief und welche Effekte sie auf die Städte und deren Bewohner hatte.

5.1 Technische Neuerungen als Kern der Industrialisierung

Die ‚Industrielle Revolution' erreicht Deutschland in der ersten Hälfte des 19. Jahrhunderts. Der Begriff beschreibt den „Umbruchsprozeß von der vorindustriellen, traditionellen Wirtschaftsgesellschaft zur modernen Industriewirtschaft" (Hahn 1998: 1), der ein bisher nie da gewesenes Wirtschaftswachstum auslöst. Generell ist als Voraussetzung für eine derartige gesellschaftliche Umwälzung ein Zusammenspiel politischer, wirtschaftlicher und sozialer Veränderungen nötig. Die politischen Neuerungen wurden bereits angesprochen. Bauernbefreiung und Agrarreform sorgen für die nötige Mobilität der Menschen und für eine Produktivitätssteigerung in der Landwirtschaft, die es ermöglicht, dass tendenziell mehr Menschen von der landwirtschaftlichen in die industrielle Produktion umsiedeln können. Die Gewerbefreiheit erlaubt nahezu uneingeschränkte Möglichkeiten der wirtschaftlichen Auslebung und Ausdehnung. Die Grundlage für das unvorstellbare Wirtschaftswachstum des 19. Jahrhunderts ist gelegt.

Doch entscheidend sind die technischen Impulse – die Wachstumsmotoren der Industrialisierung. „Jener Komplex technologischer Neuerungen [...], mit denen Erkenntnisse naturwissenschaftlichen Denkens und Forschens in Antriebs- uns Arbeitsmaschinen [...] umgesetzt wurden" (Hahn 1998: 1). An erster Stelle der technischen Basisinnovationen ist die Dampfmaschine zu nennen. Obwohl schon im 18. Jahrhundert entwickelt, tritt die Dampfmaschine erst zu Beginn des nächsten Jahrhunderts ihren Triumphzug in der deutschen Wirtschaft an. Sie löst das Problem des Antriebs von Maschinen, das man bislang mit Holz, Kohle oder Wasserkraft zu bewältigen versucht hat. Auf Grundlage der Dampfkraft können neue, effektivere Maschinen für die Industrie entwickelt werden. Sieht man „das Wesen der Industrialisierung im Übergang von der Handarbeit zur Maschinenarbeit" (Hoffmann u.a. 1988: 58), dann kann man mit Recht behaupten, dass die technischen Innovationen die ‚Industrielle Revolution' ausgelöst haben. Besonders in Montan- und Textilindustrie unterstützen die neuen Technologien und Produktionsvorgänge das Wirtschaftwachstum. Als besonders wichtig sind die entwickelten Verfahren zur Gewinnung von Rohmetall aus Erz und zur Weiterverarbeitung von Eisen zu Stahl „durch Einpressen von Luft in ein mit Roheisen gefülltes Gefäß" (Hoffmann u.a. 1988: 58), die sogenannte Birne, zu nennen. Neben der Nutzung der Maschinenkraft ist die massenhafte Erschließung und Nutzung von Kohle und Eisen, das heißt der Ausbau der Montanindustrie, der wichtigste Faktor in der Frühphase der Industrialisierung (vgl. Hahn: 1998: 1). Regionen mit Kohlevorkommen profitieren von den neuen Entwicklungen und gehören bald zu den am stärksten industrialisierten Gebieten. Dass Westfalen nicht nur zu den frühindustrialisierten Regionen zählt, sondern, wie bereits erwähnt, neben Sachsen auch das größte Bevölkerungswachstum verzeichnet, lässt sich nun in Zusammenhang stellen. Die hohen Bevölkerungszahlen begünstigen die fortschreitende Industrialisierung. Gleichzeitig verlangt das wirtschaftliche Wachstum nach immer mehr Arbeitern und verstärkt wiederum den Bevölkerungszuwachs, der nicht zuletzt auch aus einem positiven Wanderungssaldo resultiert. Die Städte, als Zentren der Industrie, entwickeln große Anziehungskräfte für die ländliche Bevölkerung. Man erhofft sich Arbeit und ein besseres Leben in der Stadt. Wie die

Lebensbedingungen in der Realität ausgesehen und wie sich das Stadtbild im Zuge der Industrialisierung verändert hat, gilt es im Folgenden herauszustellen.

Als ein wichtiger Faktor, der sowohl die Industrialisierung, als auch die Stadtentwicklung angetrieben hat, soll vorher die Entwicklung und Verbreitung der Eisenbahn dargestellt werden.

5.2 Die Eisenbahn als Entwicklungsmotor

Zu Beginn des 19. Jahrhunderts hat die Dampfmaschine die Industrie revolutioniert. Besonders der Textilbranche haben die neuen, mit Dampfkraft angetriebenen, Maschinen einen enormen Aufschwung beschert. Mitte des 19. Jahrhunderts stößt die Textilindustrie, und neben ihr die meisten anderen Zweige der Industrie, an ihre Wachstumsgrenzen. Die hohen Transportkosten verhindern weiteres räumliches Expandieren – der Absatzmarkt ist beschränkt. Ein Vergleich mit dem ‚Modell der wirtschaftlichen Entwicklung in langen Wellen' veranschaulicht, dass um 1850 die erste Welle – der durch Dampfkraft und weitere Innovationen ermöglichte Aufschwung der Textil- und Eisenindustrie – abfällt und eine neue Basisinnovation den erneuten Fortschritt ermöglicht: die Eisenbahn (vgl. Zehner 2001: 109).

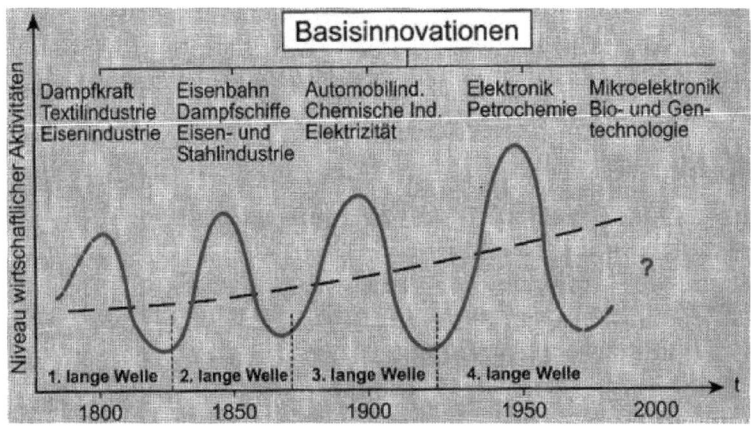

Abb. 4 Modell der wirtschaftlichen Entwicklung in „langen Wellen"
Quelle: Heineberg 2004

Der Einfluss des Eisenbahnbaus wird in zwei Punkten deutlich: erstens als revolutionäres Verkehrsmittel, welches der Industrie ein weiteres Expandieren ermöglicht und zweitens aufgrund der positiven Rückkopplungseffekte auf die bereits vorhandenen Kohle-, Eisen- und Stahlindustrien. Dort, wo immer mehr Schienen verlegt werden wollen, steigt natürlich der Bedarf an diesen Gütern. Außerdem

14

erleichtert der günstige Transport per Eisenbahn viele Arbeitsschritte in der Montanindustrie, da die „verarbeitende Industrien nicht mehr an die Standorte der Rohstoffvorkommen gebunden waren" (Zehner 2001: 110). Der Eisenbahnbau ist, ebenso wie die industrielle Entwicklung, ein Phänomen von regionaler Bedeutung. Ob Preußen, Bayern oder Sachsen – jedes Land, jede Region baut sein eigenes Eisenbahnnetz aus. Man befindet sich untereinander in einem antreibenden regionalen Wettbewerb. Die Angst vor finanziellen Verlusten und vor der Isolierung führt schließlich auch zum Ausbau interregionaler Netze. Kiesewetter stellt fest: „Die stimulierenden Effekte des regionalen Wettbewerbs zeigten sich auch in anderen Bereichen, zum Beispiel dem Lokomotivenbau." (Kiesewetter 1990: 180). Den einzelnen deutschen Staaten missfällt ihre Abhängigkeit von der ausländischen Industrie. Lokomotiven werden großteils aus England, Belgien und den USA importiert. Also errichtet man eigene Lokomotivenbaufirmen; allein in Preußen entstehen zwischen 1837 und 1852 drei solcher Unternehmen. Auch in dieser Hinsicht kurbelt die Eisenbahn das regionale Wirtschaftswachstum an (vgl. Kiesewetter 1990: 180).

Neben den positiven Effekten für die expandierende Industrie und die heimischen Montanreviere, bedeutet das Aufkommen und die rasche Verbreitung der Eisenbahn auch für jede einzelne, an das Bahnnetz angeschlossene, Stadt strukturelle Veränderungen. Die Bahnhöfe werden zu neuen Knotenpunkten innerhalb der Städte. Da die Altstadtgebiete zugebaut sind und mittlerweile die Bodenpreise horrende Höhen erreicht haben, ist es in den meisten Städten nicht möglich, einen zentralen Durchgangsbahnhof zu errichten. Stattdessen werden Kopfbahnhöfe an wichtigen Achsen der Stadt gebaut. Die Bahnhöfe behalten jedoch nicht lange diese scheinbar dezentrale Lage. Schnell entwickeln sich in ihrem Umfeld die sogenannten Bahnhofsviertel – Zentren von Groß- und Einzelhandel, von Hotellerie, Gastronomie und Vergnügung. Die größtenteils neu geschaffenen Verbindungsstraßen zwischen Bahnhöfen und Geschäftszentren der Altstädte, werden zu wichtigen Geschäftsstraßen (vgl. Zehner 2001: 112).

5.3 Städtebauliche und soziale Folgen des industriellen Wachstums

Das Beispiel der Bahnhöfe zeigt, wie sich die deutschen Städte unter dem Einfluss der Industrialisierung verändern. Entscheidender Faktor für jegliche Veränderung der städtischen Struktur ist der enorme Anstieg der städtischen Bevölkerung in kürzester Zeit. Die Städte üben große Anziehungskraft auf die Landbewohner aus. Die neu entstehenden Arbeitsplätze in der Industrie wirken auf sie als Pull-Faktoren. Bevölkerungsdruck und Armut auf dem Lande tun als Push-Faktoren ihr Übriges. Die Situation in den ländlichen Gebieten eskaliert in den 1840er Jahren: das textile Heimgewerbe kann dem Konkurrenzdruck der industriell gefertigten Produkte nicht standhalten, die Handwerke sind überbesetzt, als Folge sinken die Löhne. Die vorindustrielle Gewerbeproduktion steckt in einer tiefen Krise. „Als Folge dieser Entwicklung kam es zu einer ständig steigenden Massenverelendung" (Hahn 1998: 15), die man auch als Pauperismuskrise bezeichnet. Die einsetzende Landflucht, das heißt die Binnenwanderung in Richtung der Städte, wird „zum entscheidenden Faktor des Städtewachstums" (Zehner 2001: 108). In den Städten verschärft zunächst der Mangel an ausreichenden Industriearbeitsplätzen die Not der Menschen. Trotzdem nimmt der Grad der Verstädterung kontinuierlich zu. Sowohl die demographische Verstädterung, das heißt der Anteil der in Städten lebenden Bevölkerung, als auch die Ausbreitung städtischer Lebensweisen wird durch die Land-Industrie- bzw. Land-Stadt-Wanderung vorangetrieben (vgl. Heineberg 2004: 306-308). Dieser Prozess, den man auch als Urbanisierung bezeichnet, zeigt sich beispielsweise in der raschen Zunahme von Städten mit mehr als 30000 Einwohnern (vgl. Henning 1993: 31). Zeitweise betragen die jährlichen Wachstumsraten deutscher Städte über 20% (vgl. Bähr; Jürgens 2005: 107).

Die Massen, die in die Städte strömen, stehen nicht nur vor der Herausforderung mangelnder Arbeitsplätze, sondern auch vor dem Problem der Wohnungsnot. Die Altstädte sind bald vollkommen überfüllt, denn zum einen begrenzen vielerorts die mittelalterlichen Stadtmauern das zu bebauende Gebiet und zum anderen sind die Arbeiter gezwungen, in möglichst räumlicher Nähe zu den Industriebetrieben – und das bedeutet zentral – zu leben. Verkehrstechnologien, wie Straßenbahnen, die den Arbeitnehmern ein Pendeln zwischen Wohn- und Arbeitsstelle erlauben würden, gibt es in der Frühphase der Industrialisierung noch nicht. Fassmann beschreibt die Wohnungsnot der Industriearbeiter und ihrer Familienangehörigen als wichtigstes sozialpolitisches Problem des Industriezeitalters (Fassmann 2004: 80). In der Realität der Arbeiter offenbart sich dieses Problem in der Überbelegung von kleinsten Wohnungen; Dachgeschosse und Kellerräume werden an Großfamilien vermietet. „Teilweise wurde gar noch an sog. Schlafgänger untervermietet" (Bähr; Jürgens 2005: 108) – Arbeiter, die sich selbst keine Wohnung leisten können und hier zwischen ihren Schichten ein Bett mieten. Weder eine Heizung, noch fließendes Wasser oder ein

Anschluss an die Kanalisation gehören zur Ausstattung dieser Behausungen. Angesichts der massiven Bodenverknappung werden bestehende Häuser in der Altstadt aufs Äußerste baulich erweitert. Jede Freifläche, jeder Innenhof wird durch Hinterhäuser oder Seitenflügel bebaut. Wie bereits angedeutet, befinden sich Wohnungen und Industrieanlagen in nächster Nähe zueinander, was die Lebensqualität der Bewohner zusätzlich verschlechtert.

Die Ballung von Bevölkerung und Kaufkraft führt allerdings auch zu einer Ausweitung des Dienstleistungssektors innerhalb der Städte (vgl. Bähr; Jürgens 2005: 108). Die Innenstädte, ebenso wie die neuen Bahnhofsviertel, werden zu Zentren von Bank- und Versicherungswesen, beherbergen aber auch große Warenhäuser und kulturelle Einrichtungen.

Als erste Reaktion auf die verheerenden Wohnverhältnisse in den Altstädten beginnen wohlhabende Bürger, die dank eigener Kutschen eine größere Mobilität besitzen, ihre Wohnungen im Zentrum zu verlassen und ziehen an den Stadtrand (vgl. Zehner 2001: 116). Für die Massen-Wohnungsnot ist diese beginnende Suburbanisierung des Bürgertums allerdings keine Lösung. Ein weiteres „Wachstum nach Innen" (Heineberg 2006: 219) ist nicht mehr möglich. Als die Städte aus allen Nähten platzen, zieht man die dringend nötige Konsequenz und beginnt, die mittelalterlichen Stadtbefestigungen zu schleifen, die ihren Wehrcharakter ohnehin längst eingebüßt haben. Das „Außenwachstum der Städte" (Heineberg 2006: 219) beginnt. So wird eine räumliche Expansion ermöglicht. Industriebetriebe verlagern ihre Produktion vor die ehemaligen Tore der Stadt – eine Entwicklung die durch den Ausbau des Eisenbahnnetzes begünstigt wird. Den Fabriken folgen Arbeiterquartiere, die wiederum in unmittelbarer Nähe errichtet werden. Die Lebensqualität in diesen neuen Wohnblöcken ist nicht viel besser als die in den überfüllten Altstädten. Die „hochgradig verdichtete Bebauung" erlaubt weder eine „hinreichende Durchgrünung und Luftzufuhr [...] noch eine Ausstattung mit sanitären Einrichtungen" (Bähr; Jürgens 2005: 108). Das Auftreten zahlreicher Krankheiten und eine hohe Kindersterblichkeit sind Folgen dieser Lebensbedingungen.

Die Probleme und Herausforderungen, die das schnelle Städtewachstum mit sich bringt, rufen Stadtplaner und Technokraten auf den Plan, denen es mitunter an Sozial- und Bedürfnisorientierung mangelt. Ihr bekanntester Vertreter ist Georges Haussmann, seit 1853 der Präfekt von Paris. Haussmann hat das Ziel, Paris zu einer modernen, verkehrstechnisch und gewerblich effizienten, Metropole zu machen und gleichzeitig das Stadtbild nach seinen Vorstellungen zu verschönern. Die Wohngebäude der Altstadt werden enteignet und abgerissen. Sie weichen einem System von breiten Boulevards und neuen Wohngebäuden für die Mittelklasse – eine Verschönerung auf Kosten der Arbeiterklasse, die außerhalb des Stadtzentrums in Wohnblöcken untergebracht wird (vgl. Bähr; Jürgens 2005: 108-109). Eine weitere Entwicklung, die man am Beispiel von Paris erkennen kann, ist der in der zweiten Hälfte des 19. Jahrhunderts einsetzende Bauboom an öffentlichen Gebäuden. Rathäuser, Regierungsgebäude, Theater und Museen werden „vergrößert, neu errichtet und repräsentativ ausgestaltet" (Fassmann 2004: 84).

Andere Städte haben diese Probleme der Umgestaltung nicht. Im Gegensatz zu den bisher beschriebenen Städten, die während der Industrialisierung eine bedeutende Entwicklung durchleben, gibt es auch Städte, die im Industriezeitalter neu entstehen. Diese Industriestädte, wie sie in Deutschland beispielsweise im Ruhrgebiet zu finden sind, haben den Vorteil, dass man sie direkt auf die neuen Bedürfnisse von Industrie und Verkehr auslegen kann. Die Stadt wird um die Fabrik herum gebaut und die Werkssiedlung befindet sich in unmittelbarer Nähe, um den Arbeitern ein tägliches Pendeln zu ersparen.

Abschließend stellt sich die Frage, ob die Industrialisierung und das damit verbundene Städtewachstum eine eher leidliche Entwicklung für die Bevölkerung des 19. Jahrhunderts gewesen ist? Angesichts der katastrophalen Lebensbedingungen zur Zeit der Frühindustrialisierung läge eine derartige Vermutung nahe. Zur Beurteilung soll ein Zeitzeuge zu Wort kommen; der deutsche Wirtschaftswissenschaftler Bruno Hildebrand schreibt 1848 in seinem Werk *Die Nationalökonomie der Gegenwart und Zukunft*: „Wir sind weit entfernt in die unbedingte Vergötterung des heutigen Fabriksystems einzustimmen". Hildebrand erkennt das große soziale Problem, das die Industrialisierung in den Städten aufgerufen hat. Doch heißt es bei ihm weiter: „Aber über jene entfernteren Wirkungen des Fabriksystems sind die nächsten unendlichen Vorteile nicht zu vergessen. Die Arbeitsteilung, die Maschinen [...]. Sie haben die Armut der unteren Schichten der Gesellschaft nicht geschaffen oder vergrößert, sondern nur ans Tageslicht gebracht." (Hoffmann u.a. 1988: 153). Es ist also festzuhalten, dass das industrielle Wachstum und die Binnenwanderung der Bevölkerung in die Städte ein „notwendiges Glied in der Kulturentwicklung der Menschheit" (ebd.) darstellen und damit als solches legitimiert sind. Die Städte waren allerdings auf die einströmenden Massen nicht vorbereitet. Fabrikbesitzer zogen sicherlich ihr Kapital aus der Arbeitskraft der Armen. Die Bedingungen waren für lange Zeit katastrophal. Trotzdem stellt die Industrialisierung einen bedeutenden Schritt in der strukturellen und baulichen Entwicklung der Städte, auf dem Weg zu ihrem heutigen Erscheinungsbild, dar.

6. Zusammenfassende Betrachtung am Beispiel Berlins

In einem letzten Schritt soll versucht werden, die bisher beschriebenen Entwicklungen der Bevölkerungsexplosion, der Verstädterung und der städtebaulichen Umgestaltung im 19. Jahrhundert, exemplarisch an der preußischen Hauptstadt Berlin nach-zuvollziehen.

1701 wird das Herzogtum Preußen zum Königreich und damit Berlin zur königlichen Hauptstadt ernannt. So wie der Einfluss Preußens zur Großmacht heranwächst, so gewinnt auch Berlin an Bedeutung (vgl. Wetzlaugk 1996: 4).

„Die Schönheit Berlins ist überwältigend. Die Häuser sind elegant und die Straßen breit, lang und gerade. Das königliche Schloß ist großartig. [...] Das Opernhaus ist ein elegantes Gebäude..." (Stürmer 1993: 136). So beschreibt der schottische Schriftsteller James Boswell seine Eindrücke nach einem Besuch Berlins im Jahr 1764. Bis zum Ende des 18. Jahrhunderts hat Berlin vorrangig die Bedeutung als Residenzstadt. Gleichzeitig gilt die preußische Hauptstadt damals als Zentrum der Wissenschaft und der Kultur. So entstehen aufwendige Repräsentationsbauten *Unter den Linden*, die das Stadtbild prägen. Ohne die Niederlage gegen Napoleon und die darauf folgende französische Besatzung Berlins, hätte sich an der Rolle Berlins vermutlich wenig verändert. Mit Beginn der Besatzung im Herbst 1806 jedoch wird ein entscheidender Impuls zur Veränderung der politischen, sozialen und wirtschaftlichen Verhältnisse gegeben (vgl. Dietrich 1960: 162). Der von den Franzosen transportierte Wunsch nach geistiger Erneuerung in Preußen wird von Hardenberg, Freiherr vom Stein und weiteren Freidenkern in den beschriebenen Reformen umgesetzt (vgl. Wetzlaugk 1996: 4).

Folglich erlangt Berlin den Status der Selbstverwaltung und sowohl Agrar- als auch Gewerbereform ebnen den Weg für den wirtschaftlichen Bedeutungszuwachs der Stadt. Berlin ist um 1800 eine „Stadt des Hofes, der Verwaltung und des Militärs." (Fischer 1989: 403), gehört aber auch bereits zu den bedeutendsten gewerblichen Zentren Deutschlands. Rund ein Fünftel der Bevölkerung Berlins ist gewerblich tätig – beschäftigt als Handwerker oder im Textilgewerbe, in dem man noch ohne Maschinen arbeitet. So spricht Stürmer vom „Berlin der Manufakturen" zu Beginn des 19. Jahrhunderts (Stürmer 1993: 141). Wirtschaftlich scheint Berlin also das Potenzial für den Wandel von der Verwaltungsstadt zur Industriemetropole zu haben. Doch wie bereits festgestellt wurde, ist industrielles Städtewachstum ohne eine wachsende Bevölkerung kaum möglich.

Die Entwicklung der Berliner Einwohnerzahlen zur Zeit des Deutschen Bundes lässt sich in drei Phasen gliedern. Zwischen 1815 und 1845 ist ein extrem schnelles Wachstum zu verzeichnen. Die Einwohnerzahl verdoppelt sich von 191.000 auf 380.000. In den folgenden Jahren bis 1860 wächst die Berliner Einwohnerschaft langsamer aber stetig auf 493.000 an. In den verbleibenden elf Jahren bis zur Reichsgründung 1871 steigt die Einwohnerzahl noch mal explosionsartig auf 826.000 an (vgl. Dietrich 1960: 169).

Bisher ist das extreme Bevölkerungswachstum im Deutschland des 19. Jahrhunderts damit erklärt worden, dass durch verbesserte Lebensbedingungen und größere Freizügigkeit die Sterberate erstmals deutlich unter der Geburtenrate liegt, woraus ein enormer Geburtenüberschuss resultiert. Für das Wachstum der städtischen Bevölkerung, insbesondere für das demographische Wachstum Berlins, ist jedoch der Faktor der Zuwanderung ein entscheidend größerer. „Schon in den 40er Jahren überstieg der Wanderungsgewinn bei weitem den natürlichen Zuwachs durch Geburtenüberschuß." (Dietrich 1960: 173).

Die Vermutung liegt nah, dass Berlin als königliche Hauptstadt besondere Anziehungskräfte auf Zuwanderer ausübt, die über den bereits dargestellten Pull-Faktor der städtischen Arbeitsplätze hinausgehen. Anfangs sind es der königliche Hof und dessen Verwaltung, die Geschäftsleute und Handwerker von außerhalb anziehen. Wenig später, noch in der ersten Hälfte des 19. Jahrhunderts, entdeckt die bürgerliche Schicht Berlins Vorteile als Regierungssitz mit günstiger Verkehrslage. Dazu kommt Berlins Ruf als wissenschaftliche und kulturelle Metropole, welcher ehrgeizige oder besonders begabte Menschen aus ganz Deutschland und Mitteleuropa nach Berlin führt (vgl. Fischer 1989: 409).

Nichtsdestoweniger erlebt Berlin zur Zeit des Deutschen Bundes auch einen industriellen Aufschwung, der, neben den gerade genannten Anreizen, entscheidend ist für die beobachteten Zuwanderungsströme. Mit Beginn des 19. Jahrhunderts gelangt die Dampfmaschine nach Preußen. Dieser Fortschritt markiert den Startpunkt der Mechanisierung und Industrialisierung im Raum Berlin. In den folgenden Jahren entstehen marktführende Unternehmen der Elektroindustrie und der Pharmazie. Die Produktionsmethoden sind innovativ und lukrativ, „Das Berlin des zweiten Drittels des 19. Jahrhunderts war eine Stadt des Maschinenbaus geworden." (Fischer 1989: 404).

Entscheidender Faktor für den Aufschwung Berlins zur Industrie- und Handelsstadt ist der Durchbruch der Eisenbahn. 1838 wird die erste preußische Eisenbahnstrecke zwischen Berlin und Potsdam eröffnet. In den 40er Jahren nehmen zahlreiche weitere Linien von Frankfurt an der Oder bis Hamburg ihren Dienst auf. Die dazu gehörenden Kopfbahnhöfe werden an allen Seiten der Stadt errichtet, da Berlin für einen Durchgangsbahnhof in der Innenstadt längst zu dicht bebaut ist. Der Eisenbahnbau hat aber nicht nur handels- und verkehrstechnische Vorteile für Berlin, sondern unterstützt auch den boomenden Maschinenbausektor. Die Werkstätten des Eisenbahnbaus wachsen zu großen Industriebetrieben an. Die Borsigwerke beispielsweise steigen innerhalb weniger Jahre in den Kreis der größten europäischen Lokomotivfabriken auf. Allein Borsig konnte 1844 bereits 1100 Arbeiter in Berlin beschäftigen (vgl. Dietrich 1960: 180).

Mit der Industrie und der Einwohnerzahl wächst die Stadt ab der Mitte des 19. Jahrhunderts, begünstigt durch neue Verkehrstechnologien, über ihre früheren Grenzen hinaus, wie die untenstehende Karte verdeutlicht. Auffällig ist, dass die Wachstumsachsen – die hellbraunen und lilafarbigen Flächen – mit den Verkehrsachsen, das heißt mit den Eisenbahnstrecken übereinstimmen.

Abb. 5 Stadtentwicklung Berlins 1840 bis 1880
Quelle: Bundeszentrale für politische Bildung (Hrsg.) 1996

Auch in Berlin führt die Wohnungsnot im Altstadtgebiet zu Überfüllung und baulichen Erweiterungen der bestehenden Häuser (vgl. Zehner 2001: 116). Die Berliner Zollmauer, die bereits die Stadtmauer beziehungsweise Festungsanlage um Berlin ersetzt hat, verliert im Zuge der Stadterweiterung ihre Aufgabe und wird schließlich in den 1860ern abgerissen. So wird eine räumliche Expansion der Stadt möglich. Die Frage, wie man die räumliche Ausweitung der Stadt planerisch gestalten solle, wird aufgeworfen. Bei der Stadtumgestaltung und Erweiterung Berlins folgt man dem Beispiel Georges Haussmanns in Paris. Die dort durchgeführten Straßenbaumaßnahmen unter dem Gesichtspunkt des Verkehrs und der Modernisierung werden in Berlin aufgegriffen. So werden insbesondere wichtige Gebäude mit breiteren boulevardartigen Straßen verbunden und sternförmige Straßenkreuzungen angelegt. Das ehemalige Rechteckschema des Straßennetzes wird weitläufig durch den Ausbau von Diagonalstraßenverbindungen ersetzt oder erweitert. Deutlich wird dieses Konzept im Hobrecht-Plan, einem Berliner Bebauungsplan aus dem Jahr 1862. Dieser Straßenfluchtlinienplan zeigt die neu zu bauenden Diagonalverbindungen sowie die typischen Sternplätze (vgl. Heineberg 2006: 222-223).

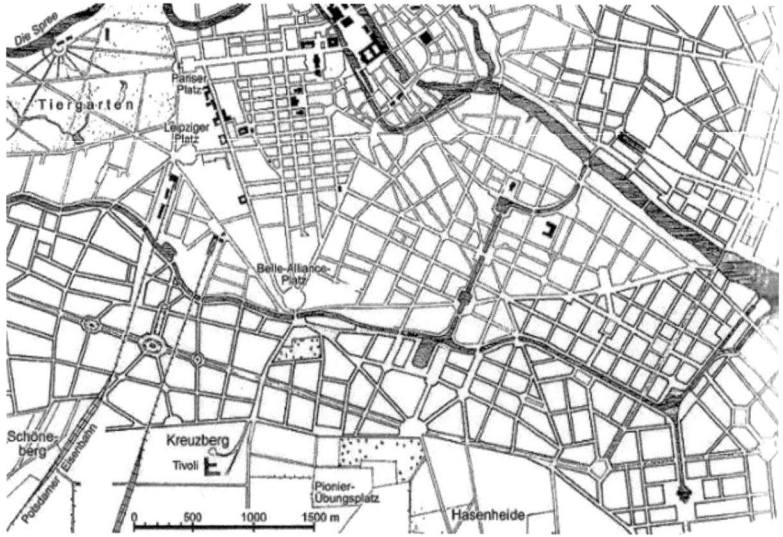

Abb. 6 Ausschnitt aus dem Hobrecht-Plan von 1862
Quelle: Heineberg 2006

Die im Hobrecht-Plan enthaltenden Bauleitlinien können allerdings nur auf der Grundlage zweier neuer Verordnungen durchgesetzt werden. Der Generalbebauungsplan von

1863 sieht den Ausbau eines breiten Straßennetzes vor; die Baupolizeiordnung von 1853 beschränkt sich lediglich darauf, eine Mindesthöhe von Stockwerken und weitere bauliche Feuerschutzmaßnahmen anzugeben, sagt aber nichts aus über die Bebauung von den „der Straße abgelegenen Teilen eines Grundstücks" (Dietrich 1960: 168) oder der Geschosszahl. Die Konsequenzen, besonders die der letztgenannten Bauvorschrift, fasst Dietrich treffend zusammen: „[...] damit wurde dem Mietskasernenbau mit der Errichtung von zahlreichen Hinter- und Quergebäuden der Weg geöffnet." (Dietrich 1960: 168).

Der Hobrecht-Plan bestimmt einzig und allein, in welche Richtungen gebaut werden soll beziehungsweise, wie die Straßen verlaufen sollen. Wie die Grundstücke letztlich bebaut werden – dafür ist die Baupolizeiordnung ausschlaggebend. Wie bereits erwähnt hat auch Berlin massiv mit dem Problem der Wohnungsnot zu kämpfen, weshalb man sich in weiten Teilen der Stadt dafür entscheidet, Mehrfamilien-Mietshäuser zu errichten. Diese Mietskasernen sind gekennzeichnet durch hohe Geschosszahlen, schachtähnliche Hinterhöfe – entstanden durch die geschlossene Bebauung der Grundstücke – sowie mangelhafte sanitäre Ausstattung und mangelnde Belichtung (vgl. Heineberg 2006: 224). Die Menschen leben in diesen Mietblöcken zusammengedrängt in Kleinwohnungen. Ein Zimmer stellt teilweise für gleich zwei Familien ihr Zuhause dar. Diese miserablen Wohnverhältnisse, die häufig gesundheitliche Konsequenzen nach sich ziehen, sind sowohl in den neu entstehenden Mietskasernen als auch in den alten Teilen der Innenstadt Berlins zu finden (vgl. Heinrich 1960: 212).

Heinrich gibt einen Ausblick auf die weitere Entwicklung der Wohnsituation in Berlin: „Wenn man auch bedenken muss [...], daß schließlich auch die Vorschriften besser und die Mietskasernen mit der Zeit immer erträglicher wurden, so saß noch um 1900 etwa ein Fünftel der Berliner Einwohnerschaft in völlig unzureichenden und überbelegten Kleinwohnungen." (Heinrich 1960: 213).

7. Fazit

„Die Entwicklung von Städten ist kein gleichmäßiger Prozess. Typisch ist vielmehr der Wechsel lang andauernder Phasen langsamen Aufstiegs oder Niedergangs, in denen sich Stadtbild und Stadtstruktur nur graduell verändern, und kurzer Epochen, in denen sich tief greifende Veränderungen städtischer Strukturen und Funktionen vollziehen." (Zehner 2001: 107)

In der vorliegenden Arbeit habe ich versucht, die Zeit des Deutschen Bundes und damit die Zeit der deutschen Frühindustrialisierung als eine Epoche darzustellen, in der eben solche tiefgreifenden Veränderungsprozesse in Stadt und Gesellschaft stattgefunden haben. Es ist eine Zeit des Übergangs und Umbruchs. Auf politischer Ebene konnte der Deutsche Bund als eine Kompromiss- oder Übergangslösung zwischen dem Heiligen Römischen Reich Deutscher Nation und der Reichsgründung von 1871 herausgestellt werden. Der durch die Franzosen übermittelte Reformgeist muss als entscheidend für die weiteren sozialen und ökonomischen Entwicklungen der deutschen Gesellschaft festgehalten werden.

Der Wandel der Gesellschaft von einer größtenteils agrarisch geprägten hin zu einer industrialisierten Gesellschaft stellt die größte und folgenreichste Veränderung des 19. Jahrhunderts dar. Die Bevölkerungsexplosion ab der Mitte des Jahrhunderts soll im Wirkungszusammenhang mit der sich entwickelnden Industrialisierung verstanden werden. Einerseits bildet die vergrößerte Bevölkerungsbasis eine Voraussetzung für die industrielle Produktion – sie liefert Arbeitskräfte und stärkt die Nachfrage. Andererseits ermöglichen die Fortschritte in der Nahrungsproduktion und im Gesundheitswesen überhaupt erst den hohen Geburtenüberschuss.

Es soll deutlich geworden sein, dass das Wachstum der ländlichen Unterschichten bald auch zu einem demographischen Wachstum der Städte führt. Die als Pull-Faktoren bezeichneten Anziehungskräfte der Stadt locken Massen von Arbeitern mit ihren Familien in die Städte. Das dringlichste Problem, welches das Wachstum der städtischen Einwohnerschaft mit sich bringt, ist die Wohnungsnot in den Altstädten, die noch weit über die Zeit des Deutschen Bundes hinaus vorherrscht.

Als wichtigste städtebauliche Veränderungen sind die Überbebauung der Altstädte und die Errichtung von Mietskasernen als Konsequenz der Wohnungsnot sowie die verkehrstechnische Ausrichtung der Städte nach Pariser Vorbild und der Bau von Eisenbahnlinien und Bahnhöfen zu nennen. Schließlich muss auch die räumliche Expansion der Städte als neue Tendenz der zweiten Hälfte des 19. Jahrhunderts festgehalten werden. Die Stadt wächst über ihre früheren Grenzen hinaus.

Literaturverzeichnis

Angelow, Jürgen 2003: Der Deutsche Bund (Geschichte Kompakt Neuzeit). Darmstadt

Bähr, Jürgen 1997: Bevölkerungsgeographie. 3. Auflage. Stuttgart

Bähr, Jürgen; Jürgens, Ulrich 2005: Stadtgeographie II. Regionale Stadtgeographie.
Braunschweig

Birg, Herwig: Historische Entwicklung der Weltbevölkerung. In: Bundeszentrale für
politische Bildung (Hrsg.) 2004: Bevölkerungsentwicklung (Informationen zur
politischen Bildung, Bd. 282). Bonn

Botzenhart, Manfred 1985: Reform, Restauration, Krise. Deutschland 1789-1847.
Frankfurt am Main

Bundeszentrale für politische Bildung (Hrsg.) 1996: Hauptstadt Berlin. (Informationen
zur politischen Bildung, Bd. 240). Bonn

Dietrich, Richard: Berlins Weg zur Industrie- und Handelsstadt. In: Dietrich, Richard
(Hrsg.) 1960: Berlin. Neun Kapitel seiner Geschichte. Berlin

dpa 2007: Heiliges Römisches Reich löst sich auf. Auf: Stuttgarter Zeitung online.
http://www.stuttgarter-zeitung.de/stz/page/detail.php/1215326. [02.012008]

Fassmann, Heinz 2004: Stadtgeographie I. Allgemeine Stadtgeographie. Braunschweig

Fischer, Wolfram: Die Entwicklung Berlins von der Verwaltungsstadt zur Industrie-
und Dienstleistungsmetropole. In: Borst, Otto (Hrsg.) 1989: Die alte Stadt.
Zeitschrift für Stadtgeschichte, Stadtsoziologie und Denkmalpflege. Stuttgart

Hahn, Hans-Werner 1998: Die Industrielle Revolution in Deutschland (Enzyklopädie
Deutscher Geschichte; Bd. 49). München

Heineberg; Heinz 2004: Einführung in die Anthropogeographie/Humangeographie.
2. Auflage. Paderborn

Heineberg, Heinz 2006: Stadtgeographie. 3. Auflage. Paderborn

Heinrich, Ernst: Die städtebauliche Entwicklung Berlins seit dem Ende des 18.
Jahrhunderts. In: Dietrich, Richard (Hrsg.) 1960: Berlin. Neun Kapitel seiner
Geschichte. Berlin

Henning, Friedrich-Wilhelm 1993: Die Industrialisierung in Deutschland 1800 bis
1914. 8. Auflage. Paderborn

Hoffmann, Dirk; Kocka, Jürgen; Mütter, Bernd (Hrsg.) 1988: Industrialisierung,
Sozialer Wandel, Soziale Frage. Quellen- und Arbeitsbuch für den
Sekundarbereich II. München

Kiesewetter, Hubert: Region und Nation in der europäischen Industrialisierung, 1815 bis 1871. In: Rumpler, Helmut (Hrsg.)1990: Deutscher Bund und deutsche Frage 1815-1866 (Wiener Beiträge zur Geschichte der Neuzeit, Bd. 16/17). Wien

Stollberg-Rilinger, Barbara 2006: Das Heilige Römische Reich Deutscher Nation. Vom Ende des Mittelalters bis 1806. München

Stürmer, Michael: Der Glanz Preußens. Berlin und Potsdam in der friderizianischen Epoche. In: Schultz, Uwe (Hrsg.) 1993: Die Hauptstädte der Deutschen. Von der Kaiserpfalz in Aachen zum Regierungssitz Berlin. München

Wetzlaugk, Udo 1996: Hauptstadt Preußens und des Deutschen Reiches. In: Informationen zur politischen Bildung (Bd. 240: Hauptstadt Berlin). Bonn

Zehner, Klaus 2001: Stadtgeographie. Stuttgart

Abbildungsverzeichnis